# DIE GESCHICHTE DES SPACE SHUTTLES

## Eine Reise ins All

Philipp Frühwirth

# INHALT

# EINFÜHRUNG IN DAS SPACE SHUTTLE UND DESSEN BEDEUTUNG FÜR DIE RAUMFAHRT

Das Space Shuttle ist eine der bedeutendsten Entwicklungen in der Geschichte der Raumfahrt. Es wurde entwickelt, um den Transport von Materialien und Menschen in den Orbit zu revolutionieren und somit eine neue Ära der Raumfahrt einzuläuten. Seit dem ersten Flug eines Space Shuttles im Jahr 1981 hat dieses Raumfahrzeug sowohl Raumfahrer als auch Satelliten in den Orbit befördert und zahlreiche Experimente und Forschungsprojekte durchgeführt.

Das Space Shuttle besteht aus drei Hauptkomponenten, dem Orbiter, dem External Tank und den Solid Rocket Boosters. Der Orbiter ist der Teil des Shuttles, der mit den Astronauten und der Nutzlast beladen ist, und es hat die Form eines Flugzeugs. Er wird von den Solid Rocket Boosters und dem External Tank während des Startvorgangs in den Orbit befördert. Die Solid Rocket Boosters sind die größten Feststoffraketen der Welt und bilden die ersten Stufen des Startvorgangs. Der External Tank ist der große weiße Zylinder, der flüssigen Wasserstoff und flüssigen Sauerstoff enthält, um den Haupttriebwerk des Orbiters während des Fluges mit Treibstoff zu versorgen.

Das Space Shuttle hat viele Bedeutungen für die Raumfahrt gehabt. Es hat die Möglichkeit geschaffen, hochwertige Satelliten und Instrumente in den Orbit zu bringen, und diese zu warten oder zu reparieren. Es war auch in der Lage, Mensch und Material über den Orbit hinaus zu befördern, um eine

Vielzahl von Forschungsaufgaben durchzuführen. Die Fähigkeit, wissenschaftliche Experimente im Weltraum durchzuführen, war ein bedeutender Fortschritt für die Menschheit. Es hat dazu beigetragen, unser Verständnis der Welt, in der wir leben, zu erweitern und hat zu wichtigen Entdeckungen wie der Entdeckung des Ozonlochs beigetragen.

Das Space Shuttle war auch in der Lage, in extremen Umgebungen und Bedingungen zu arbeiten. Einige der wichtigsten Missionen umfassten Reparaturen an Teleskopen wie dem Hubble Space Telescope, um sicherzustellen, dass wir weiterhin eine klare Sicht auf das Universum haben. Es war auch in der Lage, Module zur Internationalen Raumstation (ISS) zu transportieren und diese mit wesentlicher Ausrüstung und Vorräten zu versorgen.

Das Space Shuttle Programm hat nicht nur wichtige Aufgaben in der Weltraumforschung erfüllt, sondern es hat auch wesentlich zur Fortschrittlichkeit und Wettbewerbsfähigkeit der Vereinigten Staaten in der Raumfahrtindustrie beigetragen. Es hat dazu beigetragen, Arbeitsplätze zu schaffen und eine Nachfrage nach hochqualifizierten Fachkräften zu schaffen. Das Space Shuttle Programm war ein Aushängeschild für die Raumfahrtindustrie und ein Symbol für die technologische Fähigkeit der USA.

Insgesamt hat das Space Shuttle Programm einen wichtigen Beitrag zum Fortschritt der Menschheit in der Raumfahrt geleistet. Es hat sich weiterentwickelt, um herausfordernde Missionen zu erfüllen und wichtige Erkenntnisse und Erkenntnisse zu liefern. Obwohl das Space Shuttle nun im Ruhestand ist, bleibt es ein wichtiger Faktor in der Geschichte der Raumfahrt und wird zweifellos eine unvergessliche Rolle in der Zukunft der Weltraumforschung spielen.

# GESCHICHTE UND ENTWICKLUNG DES SPACE SHUTTLE PROGRAMMS

Das Space Shuttle Programm ist ein entscheidender Meilenstein in der Geschichte der bemannten Raumfahrt. Es wurde Ende der 1960er Jahre ins Leben gerufen, als die National Aeronautics and Space Administration (NASA) versuchte, eine kosteneffektive Lösung für den Transport von Fracht und Raumfahrern in den Weltraum zu finden.

Die erste Idee für das Space Shuttle stammt aus den 1950er Jahren. Der Ingenieur Wernher von Braun schlug vor, ein wiederverwendbares Raumfahrzeug zu entwickeln, um die Kosten für die Raumfahrt zu senken. Es dauerte jedoch noch mehr als ein Jahrzehnt, bis das Konzept Gestalt annahm.

Die NASA begann schließlich 1972 mit der Entwicklung des Space Shuttles, nachdem sie von Präsident Richard Nixon den Auftrag erhalten hatte, eine kosteneffektive Alternative zu den damals teuren Apollo-Missionen zu finden. Das Apollo-Programm hatte den USA geholfen, das Wettrennen zum Mond zu gewinnen, aber es war sehr teuer und aufgrund der Erreichung des eigentlichen Ziels – der Landung auf dem Mond – nicht mehr notwendig.

Ein wichtiger Meilenstein im Verlauf der Space-Shuttle-Entwicklung war die Entscheidung, das Shuttle-System als wiederverwendbares Flugzeug zu konzipieren, anstatt es als Einweg-Raumschiff zu entwickeln. Die Idee war, die Kosten für die Raumfahrt zu senken, indem man das Shuttle nach jedem Flug wieder verwenden konnte, anstatt es zu zerstören.

Die NASA schloss sich mit einer Reihe von namhaften

Unternehmen und Technologieunternehmen zusammen, darunter Boeing, Rockwell International und Morton Thiokol, um das Space Shuttle zu entwickeln. Der erste Testflug des Space Shuttles fand 1981 mit dem Namen STS-1 statt. An Bord des Shuttles befanden sich die Astronauten John Young und Robert Crippen.

Das Shuttle-Programm revolutionierte die Art und Weise, wie Astronauten ins All fliegen, und markierte einen Paradigmenwechsel in der Raumfahrtindustrie. Es ermöglichte es Astronauten, im Weltraum zu arbeiten, wissenschaftliche Experimente durchzuführen und Satelliten auszusetzen oder zu reparieren. Zudem war es ein wichtiges Instrument bei der Durchführung von Missionen, wie Orbit Rendezvous und der Konstruktion der internationalen Raumstation.

Insgesamt fanden zwischen 1981 und 2011 insgesamt 135 Space-Shuttle-Missionen statt, von denen einige zu den bemerkenswertesten in der Geschichte der Raumfahrt zählen. Dazu gehören die Missionen, die das Hubble Space Telescope reparierten und warteten sowie diejenigen, die die erste weibliche Astronautin, Sally Ride, sowie den ersten afroamerikanischen Astronauten, Guion Bluford, ins All brachten. Ein weiteres wichtiges Ereignis war die Mission STS-135 im Jahr 2011, die letzte Mission des Space Shuttle Programms.

Obwohl das Space Shuttle Programm nicht frei von Kritik war, bleibt es ein wichtiger Meilenstein in der Geschichte der Raumfahrt und ein Symbol für den Mut und die Entschlossenheit der Astronauten und Ingenieure, die daran arbeiteten.

# DIE KOMPONENTEN DES SPACE SHUTTLES: ORBITER, EXTERNAL TANK UND SOLID ROCKET BOOSTER

Das Space Shuttle ist aus drei Hauptkomponenten zusammengesetzt, die alle für die erfolgreiche Mission des Shuttles notwendig sind: Der Orbiter, der External Tank und die Solid Rocket Booster. In diesem Kapitel werden wir einen genaueren Blick auf diese drei Komponenten werfen und ihre Bedeutung für das Space Shuttle-Programm erklären.

Der Orbiter ist der zentrale Teil des Space Shuttles und besteht aus drei Hauptteilen: dem Cockpit, der Nutzlastbucht und dem hinteren Propulsionssystem. Das Cockpit ist der Bereich, in dem sich die Besatzung während des Flugs aufhält, und umfasst Sitze für den Piloten, den Copiloten und die Missionsspezialisten sowie alle erforderlichen Steuerinstrumente und Avioniksysteme. Die Nutzlastbucht ist der Teil des Orbiters, der Gegenstände und Nutzlasten wie Satelliten oder Experimente aufnehmen kann. Die Tür zur Nutzlastbucht befindet sich am unteren Ende des Orbiters und öffnet sich zum Öffnen.

Das hintere Propulsionssystem ist der Teil des Orbiters, der für sowohl Antrieb als auch Trägheitsnavigation zuständig ist. Der Orbiter ist mit drei Haupttriebwerken ausgestattet, die es ihm ermöglichen, den Orbit zu betreten und wieder nach Hause zu kommen. Die Triebwerke verwenden flüssigen Wasserstoff als Treibstoff und flüssigen Sauerstoff als Oxidationsmittel, und sind daher in der Lage, enorme Schubkräfte zu erzeugen.

Der External Tank ist der riesige Außentank, der sich an der

Rückseite des Orbiters befindet. Der Tank enthält den Treibstoff für die drei Haupttriebwerke des Orbiters und auch für die beiden Solid Rocket Booster (SRB). Der Tank selbst besteht aus einem leichten Aluminiumrahmen, der mit isolierenden Materialien und einer wasserbeständigen Beschichtung versehen ist, um den Temperaturanstieg im Inneren zu minimieren.

Die Solid Rocket Booster sind zwei große Feststoffraketen, die an den Seiten des External Tanks befestigt sind. Jeder Booster ist 45 Meter lang und hat einen Durchmesser von 3,7 Metern. Sie generieren den Großteil des Startschubs und werden während der ersten Flugminute des Shuttles gezündet. Die Booster brennen für etwa zwei Minuten, bevor sie abgeworfen werden und mit Fallschirmen ins Meer fallen, wo sie von Schiffen geborgen werden.

Insgesamt bilden das Orbiter, der External Tank und die Solid Rocket Booster ein perfekt aufeinander abgestimmtes System für den erfolgreichen Betrieb des Space Shuttles. Jede Komponente spielt eine wichtige Rolle bei der Mission und sorgt für die Sicherheit und Effektivität des Shuttles.

# DER BAU DES SPACE SHUTTLES - DIE HERAUSFORDERUNGEN UND TECHNOLOGIEN

Das Space Shuttle ist eine der komplexesten Maschinen, die jemals gebaut wurden. Allein der Bau des Orbiters war eine technologische Herausforderung, die ein hohes Maß an Präzision und Innovation erforderte. Das Shuttle-Programm begann in den 1970er Jahren und es dauerte fast ein Jahrzehnt, bis das erste Space Shuttle seinen Flug ins All startete.

Eines der größten Probleme beim Bau des Space Shuttle war die Gewährleistung, dass es sicher und zuverlässig war. Jede Komponente musste eine strenge Prüfung und Testphase durchlaufen, um sicherzustellen, dass sie den extremen Bedingungen des Weltraums standhalten konnte. Es musste eine Maschine gebaut werden, die sich in der Schwerelosigkeit bewegen, Temperaturen von mehr als 1.500 Grad Celsius standhalten, Vibrationen absorbieren und Druckunterschiede ausgleichen konnte, um nur einige der Herausforderungen zu nennen.

Die Orbiter sind die größten und komplexesten Komponenten des Space Shuttle. Sie verfügen über eine Flügelspannweite von 78 Metern und wiegen etwa 68 Tonnen. Die Entwicklung des Orbiters hat über drei Jahre gedauert und jedes Detail wurde sorgfältig geprüft. Eine der wichtigsten Herausforderungen bestand darin, ein Material zu finden, das leicht genug war, um im All zu fliegen, aber stark genug, um die Hitze beim Wiedereintritt in die Atmosphäre zu verkraften. Das Team entschied sich schließlich für Kacheln aus hitzebeständigem Material, die auf die Außenseite des Orbiters geklebt wurden.

Ein weiterer wichtiger Bestandteil des Space Shuttle ist der External Tank, der vom Shuttle während des Fluges abgeworfen wird, nachdem sein Inhalt verbraucht wurde. Der Tank ist 46 Meter lang und hat einen Durchmesser von 8,4 Metern. Er besteht aus zwei Hauptkomponenten: dem Flüssigsauerstoff-Tank und dem Flüssigwasserstoff-Tank. Der Tank wurde entwickelt, um die notwendigen Treibstoffe sicher zu transportieren und pünktlich abzugeben.

Schließlich gibt es noch die Solid Rocket Booster, diese baumstammähnlichen Raketen sind verantwortlich für das Starten des Space Shuttle. Jeder Booster wiegt 590 Tonnen und produziert eine Schubkraft von 3,3 Millionen Newton. Die Booster wurden entwickelt, um dem Shuttle die nötige Startenergie zu geben und nach ca. 2 Minuten abgetrennt zu werden, um auf den Freifall zurückzukehren. Später wurden sie wieder eingesetzt, nachdem ihre Teile gerettet und gewartet wurden.

Der Bau des Space Shuttle war zweifellos eine der größten technologischen Herausforderungen des 20. Jahrhunderts. Es gibt viele Faktoren, die ein erfolgreiches Programm erfordern, und jeder Teil des Shuttles musste sicherstellen, dass er den Komplexitätsanforderungen entspricht. Die beteiligten Ingenieure, Forscher und Technologen haben großartige Leistungen erbracht, um ein Raumfahrzeug zu bauen, das die NASA und die Welt in neue Horizonte führen würde.

# DIE BESATZUNG DES SPACE SHUTTLES: ROLLEN UND VERANTWORTLICHKEITEN

Das Space Shuttle ist ein komplexes Raumfahrzeug, das aus einer Crew von Astronauten und Ingenieuren besteht. Diese Besatzungsmitglieder haben unterschiedliche Rollen und Verantwortlichkeiten während eines Shuttle-Fluges. In diesem Kapitel werden wir uns mit den Einzelheiten der Besatzung des Space Shuttles befassen.

Die Besatzung eines Space Shuttles besteht aus mindestens fünf Personen - dem Commander, dem Piloten, und drei Missionspezialisten. Dies sind in der Regel Astronauten, die speziell für ihre Aufgaben während der Mission ausgewählt wurden und intensives Training und Vorbereitung erhalten haben.

Der Commander ist der ranghöchste Person an Bord des Space Shuttles. Er oder sie ist verantwortlich für die Gesamtleitung der Mission, einschließlich der Planung, Durchführung und Beurteilung aller Aktivitäten. Der Commander ist auch der Hauptverantwortliche für die Sicherheit der Crew und des Raumfahrzeugs.

Der Pilot ist der zweiterrangige Besatzungsmitglied an Bord des Space Shuttles. Er oder sie arbeitet eng mit dem Commander bei der Planung und Durchführung der Mission zusammen. Der Pilot ist auch verantwortlich für die Steuerung des Shuttle während des Starts und der Landung.

Die drei Missionsspezialisten sind Astronauten, die eine Vielzahl von Aufgaben während der Mission durchführen. Dies können

Wartungsarbeiten, Experimente, Installationen oder Reparaturen am Hubble Space Telescope oder an anderen Satelliten sein. Ab und zu können auch Politker oder Wissenschaftler als Nutzlastspezialisten hinzugefügt werden.

Eine wichtige Rolle, die alle Besatzungsmitglieder teilen, ist die Durchführung von wissenschaftlichen Experimenten und die Sammlung wichtiger Daten während der Mission. Die Missionsspezialisten führen oft wissenschaftliche Experimente durch, während der Pilot und der Commander sicherstellen, dass das Space Shuttle in der richtigen Orbitposition bleibt und alle notwendigen Aktivitäten durchführt.

Ein weiterer wichtiger Bereich von Verantwortlichkeit, der von der Besatzung ausgeübt wird, ist die Wartung und Reparatur von Raumfahrzeugen. Dies kann während eines Shuttle-Fluges durchgeführt werden, wenn die Besatzung durch einen EVA (Extra-Vehicular Activity) Ausstieg in den Orbit gelangt. Die Crew ist ausgebildet, um Reparaturen am Hubble Space Telescope und anderen Satelliten durchzuführen, wenn sie benötigt werden.

Die Besatzung des Space Shuttles spielt also eine maßgebliche Rolle bei der Durchführung einer erfolgreichen Mission. Jedes Besatzungsmitglied trägt zu den wichtigen Aufgaben bei, die während des Fluges durchgeführt werden müssen. Von der Steuerung des Raumfahrzeugs bis zur Durchführung wissenschaftlicher Experimente und Reparaturen, sichert jeder Crew-Mitglied den Erfolg der Mission.

# DIE VORBEREITUNG AUF EINEN SHUTTLE-FLUG: TRAININGS UND MISSION BRIEFINGS

Das Space Shuttle ist ein komplexes Flugzeug mit großen Leistungen und Herausforderungen. Eine Mission des Space Shuttle erfordert monatelange Vorbereitungen und umfassende Trainings, die der Besatzung dabei helfen, sich auf alle möglichen Szenarien vorzubereiten und ihre Aufgaben und Rollen zu verstehen. Das ist notwendig, um das Risiko so gering wie möglich zu halten und eine erfolgreiche Mission zu gewährleisten. Im Folgenden werden wir uns mit der Vorbereitung auf einen Shuttle-Flug und den Trainings und Mission Briefings beschäftigen.

Die Besatzungsmitglieder des Space Shuttles müssen eine strenge Ausbildung durchlaufen, die sich über Monate bis Jahre erstrecken kann, um sicherzustellen, dass sie auf jedes auftretende Problem oder jede Situation vorbereitet sind. Der Trainingsprozess beginnt in der Regel etwa ein Jahr vor der Mission und umfasst eine Vielzahl von Szenarien, die während des Fluges auftreten können. Hierzu zählen der Startvorgang, das Andocken an der Internationalen Raumstation (ISS) und jede Art von Reparaturarbeiten, die während eines Weltraumspaziergangs durchgeführt werden können.

Während des Trainings werden auch besondere Aufgaben und Rollen innerhalb der Besatzung zugeteilt. Der Kommandant des Shuttle übernimmt die Gesamtverantwortung für die Mission und die Sicherheit der Besatzungsmitglieder sowie das Treffen von Entscheidungen. Der Pilot ist der zweite in Kommando und überwacht die Systeme und Bedienelemente, während die Flugingenieure in der Besatzung für die Durchführung spezifischer Aufgaben verantwortlich sind.

Ein Hauptmerkmal des Trainingsprozesses ist das Simulationszentrum. Hier wird ein vollständiger Nachbau der Raumfähre verwendet, um die Besatzungsmitglieder auf die Mission vorzubereiten. Die Simulationen umfassen alle Aspekte der Mission, einschließlich der Infrastruktur des Shuttles, der Bedienelemente, der Missionsabläufe und die Koordination zwischen den Besatzungsmitgliedern. Durch diese Simulationen können Besatzungsmitglieder verschiedene Szenarien und Situationen durchlaufen, um ihre Reaktionsfähigkeit, Problemlösungsfähigkeiten und ihre Fähigkeit zur Zusammenarbeit unter stressigen Bedingungen zu verbessern.

Die Mission Briefings ermöglichen es den Besatzungsmitgliedern, sich über die erwarteten Aufgaben und Ziele der Mission auf den neuesten Stand zu bringen. Hier erfahren die Besatzungsmitglieder, welche wissenschaftlichen Experimente durchgeführt werden, welche Reparaturen durchgeführt werden müssen und wie das Shuttle in verschiedene Phasen wie den Start oder das Andocken an der ISS integriert wird.

Insgesamt ist die Vorbereitung auf eine Mission des Space Shuttles ein langwieriger Prozess mit vielen Hindernissen. Die umfassende und genaue Ausbildung der Besatzungsmitglieder ist entscheidend für den Erfolg einer Mission. Eine solide Einweisung in alle möglichen Situationen und das Training der Besatzungsmitglieder ist unerlässlich, um Missionen des Space Shuttles erfolgreich durchzuführen.

# DER FLUG DES SPACE SHUTTLES: START, ORBIT, LANDUNG

Das Space Shuttle ist eines der bekanntesten und beeindruckendsten Flugzeuge der Welt. Es ist in der Lage, große Lasten und Menschen ins Weltall zu transportieren und hat die Raumfahrt so revolutioniert. Aber wie genau sieht ein typischer Flug mit einem Space Shuttle aus?

Der Ablauf eines Space Shuttle Fluges gliedert sich in drei Teile: Start, Orbit und Landung. Jeder dieser Teile ist sehr anspruchsvoll und erfordert ein hohes Maß an Koordination und Fachkenntnis von der Bordcrew.

Der Start ist der erste und vielleicht aufregendste Teil eines Shuttle-Fluges. Das Space Shuttle ist zu groß, um mit einer einfachen Rakete gestartet zu werden und wird deshalb von einer riesigen Rampe, dem sogenannten Launch Pad, abgefeuert. Dort ist das Shuttle an die gigantischen Außentanks und die Feststoffraketen angeschlossen, die zusammen mehr als eine Million Kilogramm wiegen können.

Die Feststoffraketen sind so konstruiert, dass sie beim Start alles Gewicht des Space Shuttles tragen können, bis das Flugzeug eine gewisse Höhe erreicht hat und die Schwerkraft nachlässt. Danach werden die Raketen von einem Computer ausgeschaltet und vom Space Shuttle getrennt.

Sobald das Space Shuttle in die Umlaufbahn gelangt ist, beginnt die Phase des Orbits. In dieser Phase dreht das Shuttle eine oder mehrere Umläufe um die Erde. Die Bordcrew hat während dieser Zeit viel zu tun, denn sie muss Experimente durchführen,

Proben sammeln und reparieren, sowie das Shuttle auf den bevorstehenden Wiedereintritt vorbereiten.

Nach Abschluss der Mission kehrt das Shuttle in die Atmosphäre zurück, um auf der Erde zu landen. Die Landung des Space Shuttles ist einer der schwierigsten Teile des Fluges, da das Shuttle beim Eintritt in die Atmosphäre unglaublich schnell ist und Temperaturen von mehreren tausend Grad Celsius standhalten muss.

Das Space Shuttle verfügt über eine speziell konstruierte Aerodynamik, die es bei der Landung in einen Gleitflug beruhigt. Wenn das Shuttle unter einer bestimmten Geschwindigkeit und Höhe ist, wird es begraben und landet auf einer Landebahn, ähnlich wie ein Flugzeug.

Insgesamt ist der Flug eines Space Shuttles ein beeindruckendes technisches Wunder, das von hunderten von Experten und Ingenieuren ermöglicht wurde. Jeder Aspekt des Fluges erfordert eine immense Menge an Koordination und Planung und auch die geringsten Probleme können zu großen Schwierigkeiten führen.

# ANWENDUNGEN DES SPACE SHUTTLES: SATELLITEN-DEPLOYMENT, RAUMFAHRTFORSCHUNG, REPARATUREN IM WELTRAUM

Das Space Shuttle war ein wichtiger Eckpfeiler der amerikanischen Raumfahrt und hat zahlreiche Anwendungen ermöglicht. In diesem Kapitel werden die wichtigsten Anwendungen des Space Shuttles diskutiert.

Der Einsatz des Space Shuttles für das Satellite Deployment war eines der wichtigsten Anwendungen. Es erlaubte den Transport großer und schwerer Satelliten in den Orbit, die vorher nur mit Raketen gestartet werden konnten. Auch Reparaturen und Wartungen von Satelliten im All wurden möglich. Dies war insbesondere wichtig für wissenschaftliche Missionen wie das Hubble Space Telescope. Das Teleskop wurde im Jahr 1990 in den Orbit gebracht und veränderte die Art und Weise, wie wir das Universum sehen. Durch die zahlreichen Servicemissionen des Space Shuttles konnte das Teleskop immer wieder verbessert und repariert werden, um weiterhin wissenschaftlich relevante Erkenntnisse zu liefern.

Ein weiterer wichtiger Anwendungsbereich des Space Shuttles war die Raumfahrtforschung. Durch das Space Shuttle konnte eine große Anzahl von Experimenten durchgeführt werden, die sonst nicht möglich gewesen wären. Die Forscher nutzten die Fähigkeit des Shuttles, sperrige Ausrüstung und Experimente in den Orbit zu bringen, um Daten in der Schwerelosigkeit zu sammeln. Dadurch konnten wichtige Erkenntnisse über medizinische Experimente, Materialwissenschaften und Biologie gesammelt werden. Insbesondere das Studium der menschlichen Physiologie im Weltraum war von entscheidender Bedeutung für die Vorbereitung langfristiger bemannter Missionen.

Ein weiterer wichtiger Anwendungsbereich des Space Shuttles waren Reparaturen und Wartungsarbeiten im Weltraum. Zum Beispiel die Reparatur des Hubble Space Telescopes war eine der schwierigsten und herausforderndsten Missionen des Space Shuttle Programms, aber es hat auch gezeigt, dass es möglich ist, dass Menschen im Orbit komplexe Reparaturen durchführen können. Es wurden auch Experimente durchgeführt, um die Fähigkeit von Raumfahrern zu testen, in der Schwerelosigkeit zu arbeiten und gleichzeitig Aufgaben zu erledigen, die normalerweise auf der Erde ausgeführt werden können.

Das Space Shuttle war somit ein wichtiger Beitrag zur amerikanischen Raumfahrt. Es hat zahlreiche Anwendungen ermöglicht, z.B. Satelliten-Deployment, Raumfahrtforschung und Reparaturen im Weltraum. Diese Anwendungen waren entscheidend für das Wachstum der Raumfahrtindustrie und die Durchführung wichtiger wissenschaftlicher Experimente. Wir können nur hoffen, dass die Entwicklung von ähnlichen Programmen dazu führen wird, dass diese wichtigen Anwendungen auch in Zukunft möglich sein werden.

# DIE SPACE-SHUTTLE-MISSIONEN: GESAMTBILANZ UND EINZELNE ERFOLGE

Das Space Shuttle war das erste wiederverwendbare Raumfahrzeug, das dazu konzipiert wurde, Satelliten in den Orbit zu bringen, während es auch astronautenbasierte wissenschaftliche Erforschung und Konstruktion ermöglichte. Während seiner 30-jährigen Betriebszeit führte das Space Shuttle insgesamt 135 Missionen durch und brachte über 350 Menschen in den Orbit.

Die Space-Shuttle-Missionen wurden in der Regel numeriert und nach bestimmten Kriterien benannt, einschließlich des Zwecks der Mission und der Reihenfolge, in der sie während des Betriebs des Space Shuttle stattfanden. Insgesamt hatte das Space Shuttle 5 verschiedene Raumfahrzeuge, einschließlich Columbia, Challenger, Discovery, Atlantis und Endeavour.

Die erste Mission, die von Columbia im April 1981 durchgeführt wurde, brachte zwei Astronauten in den Orbit und dauerte insgesamt 54,5 Stunden. In den folgenden Jahren führte das Space Shuttle zahlreiche Missionen durch, um Satelliten zu starten, Forschungen durchzuführen, sowie Reparatur- und Wartungsarbeiten an anderen Satelliten durchzuführen. Die Mission STS-47 im Jahr 1992 brachte Spacelab, eine voll funktionsfähige Forschungsanlage, in den Orbit und brachte eine Besatzung während der Mission unterschiedliche wissenschaftliche Experimente durchführen konnte.

Eines der bemerkenswertesten Ereignisse der Space-Shuttle-Missionen war der Einsatz von Atlantis im Jahr 2009, um das

Hubble Space Telescope zu reparieren und zu modernisieren. Die Mission STS-125 war eine der anspruchsvollsten Missionen, die jemals von einem Space Shuttle durchgeführt wurde und dauerte 12 Tage.

Allerdings mussten die Space-Shuttle-Missionen auch mit einigen schwerwiegenden Rückschlägen kämpfen. Am 28. Januar 1986 explodierte die Challenger nur 73 Sekunden nach dem Start, was zu einem Totalverlust des Raumschiffs und aller an Bord befindlichen Astronauten führte. Am 1. Februar 2003 zerschellte die Columbia beim Eintritt in die Erdatmosphäre, wobei alle sieben Besatzungsmitglieder ihr Leben verloren.

Insgesamt war das Space Shuttle ein wichtiger Beitrag zur Erforschung des Weltraums. Obwohl es auch einige Tragödien gab, brachte das Programm wichtige Entdeckungen und Innovationen in der Raumfahrtforschung und Technologie hervor.

# WECHSELWIRKUNG DES SPACE SHUTTLE PROGRAMMS MIT INTERNATIONALEN RAUMFAHRT-PARTNERN

Das Space Shuttle Programm war nicht nur eine Errungenschaft der amerikanischen Luft- und Raumfahrtbehörde NASA, sondern auch ein Meilenstein für internationale Zusammenarbeit in der Raumfahrt. So arbeiteten zahlreiche internationale Partnerstaaten während des Programms zusammen, um das Shuttle Programm zu unterstützen und zu verbessern.

Bereits im Jahr 1975 schlossen sich die USA und die Sowjetunion zum Apollo-Soyuz-Testprojekt (ASTP) zusammen. Die Mission war ein Meilenstein für die Raumfahrtgeschichte, da sie die erste bemannte Raumfahrtmission darstellte, an der sowohl die USA als auch die Sowjetunion beteiligt waren. Diese Zusammenarbeit war der Wegbereiter für weitere internationale Kooperationen.

Das Space Shuttle Programm wurde von Europa und Japan finanziell unterstützt. Die europäischen Raumfahrtagenturen beteiligten sich an der Entwicklung des Space Labors, das während der Shuttle-Missionen im Frachtraum des Orbiters installiert wurde. Durch das Space Lab konnten europäische Forscher während der Shuttle-Missionen Experimente im Weltall durchführen.

Japan entwickelte ein eigenes Modul für das Space Shuttle Programm, das sogenannte JEM (Japanese Experiment Module). Es beherbergte eine Vielzahl von Technologien und Experimenten, die für japanische Raumfahrtexperten von großem Nutzen waren.

Eine der erfolgreichsten internationalen Missionen war die Mission STS-61A im Jahr 1985, bei der erstmals eine internationale Besatzung im Space Shuttle flog. Die Besatzung setzte sich aus zwei Amerikanern, einem Deutschen, einem Schweizer und einem Niederländer zusammen. Der Erfolg der Mission stellte eine wichtige Demonstration der internationalen Zusammenarbeit in der Raumfahrt dar.

Eine weitere wichtige Kooperation war das Shuttle-Mir-Programm zwischen den USA und Russland. Hierfür wurden insgesamt sieben Shuttle-Missionen durchgeführt, die die russische Raumstation Mir besuchten. Die Kooperation war von großer Bedeutung für die Raumfahrtgeschichte, da sie die Grundlage für die internationale Raumstation (ISS) legte.

Insgesamt zeigt die internationale Zusammenarbeit im Rahmen des Space Shuttle Programms, dass es jeder Nation in der Raumfahrtindustrie möglich ist, signifikante Fortschritte zu erzielen, wenn man bereit ist, Wissen und Ressourcen zu teilen. Die gemeinsamen Anstrengungen haben dazu beigetragen, dass der Weltraum für uns alle leichter zugänglich geworden ist.

# KRITIK UND HERAUSFORDERUNGEN DES SPACE SHUTTLE PROGRAMMS

Das Space Shuttle-Programm war in vielerlei Hinsicht bahnbrechend, weil es die Amerikaner in der Lage versetzte, Satelliten in den Weltraum zu transportieren, Astronauten zur Internationalen Raumstation (ISS) zu bringen, Geschäfte im Weltraum durchzuführen und Reparaturen durchzuführen sowie die geologische und biologische Science-Fiction-Forschung auf die nächste Stufe zu heben. Aber das Programme war auch umstritten wegen der Kosten, Sicherheitsbedenken und Rückschläge.

Eine der größten Kritiken am Space Shuttle-Programm ist, dass es zu teuer war. Das Programm hatte insgesamt eine Kosten von mehr als 200 Milliarden Dollar, was es zum teuersten Raumfahrtprogramm der Geschichte macht. Es wurde auch vorgeworfen, dass die ständigen Verzögerungen und Rückschläge zu den hohen Kosten beigetragen haben. Insbesondere gab es drei schwere Unfälle, bei denen das Challenger im Jahr 1986 und die Columbia im Jahr 2003 zerstört wurden, wobei insgesamt 14 AstronautInnen ums Leben kamen.

Darüber hinaus hatte das Space Shuttle-Programm auch Herausforderungen im Hinblick auf seine technische Kapazität. Das Programm hat zwar einen wichtigen Beitrag zur wissenschaftlichen Forschung und Entwicklung geleistet, aber es gibt auch Kritik an der Programmstruktur. Es ist bemängelt worden, dass das Programm zu sehr auf die Unterstützung militärischer und politischer Ziele ausgerichtet war und dass es zu wenige visionäre Projekte gab, die eine bedeutende Rolle in der Raumfahrt spielen würden.

Zusätzlich bemängelten Kritiker, dass das Space Shuttle-Programm zur Vernachlässigung anderer Aspekte der Raumfahrt beitrug. Die Aufmerksamkeit und finanzielle Unterstützung konzentrierte sich auf das Space Shuttle-Programm, während andere Aspekte der Raumfahrt wie Raketenentwicklung und bemannte Missionen zum Mars sowie Monderkundung weniger Mittel erhielten.

Trotz dieser Kritikpunkte war das Space Shuttle-Programm ein wichtiger Meilenstein in der Geschichte der Raumfahrt. Es hat dazu beigetragen, die Grundlagen für zukünftige Technologien und Forschung im Weltraum zu legen. Die Anwendung von Raumfahrttechnologie hat die Lebensqualität auf der Erde verbessert, von GPS-Systemen bis hin zu fortschrittlichen medizinischen Geräten. Die Einbindung internationaler Partner in das Space Shuttle-Programm war auch ein wichtiger Schritt in der Zusammenarbeit in der Raumfahrt und führte zur gemeinsamen Erforschung des Weltraums. Trotz der Herausforderungen und Kritiken hat das Space Shuttle-Programm wichtige Fortschritte in der Raumfahrt vorangetrieben.

# ENTWICKLUNG NACH DEM CHALLENGER UND COLUMBIA UNGLÜCK: DIE ZUKUNFT DES SPACE SHUTTLE

Die beiden schlimmen Unfälle des Space Shuttle Programms waren die Challenger-Katastrophe von 1986 und das Columbia-Desaster im Jahr 2003. Beide Ereignisse haben die NASA gezwungen, ihre Sicherheitsmaßnahmen zu überdenken und zu überarbeiten.

Nach dem Challenger-Unglück wurde das Space Shuttle-Programm für 32 Monate ausgesetzt, um kritische Faktoren zu überprüfen und zu verbessern, darunter die Qualität der O-Ringe, die die Feststoffbooster verbinden. Die NASA überprüfte auch die Prozesse für die Genehmigung und Überprüfung des Shuttle-Designs sowie die Schulung und Sicherheitsstandards der Crew.

Ein ähnlicher Prozess wurde nach dem Columbia-Desaster durchlaufen. Der Unfall wurde durch ein Stück Isolierschaum ausgelöst, das vom Außentank abbrach und das auf das linke Flügelende des Orbiters prallte und eine kritische Hitzeschutzfliese beschädigte, die den Eintritt der Highspeed-Luft in die Struktur des Orbiter verhindert.

Die NASA führte erneut systematische Überprüfungen durch und verbesserte die Verfahren zur Inspektion des Shuttle-Hitzeschutzschildes. Infolgedessen wurde der Shuttle-Flugbetrieb bis 2011 eingestellt, als das Space-Shuttle-Programm endgültig eingestellt wurde.

Trotz dieser Rückschläge ist die Bedeutung des Space Shuttle-

Programms für die Raumfahrt unbestreitbar. Das Space Shuttle war ein wichtiges Instrument für wissenschaftliche Forschung und technologische Entwicklungen im Orbit. Es hat auch geholfen, die Kosten der Raumfahrt zu senken, indem es eine wiederverwendbare und kosteneffektive Methode für den Transport von Menschen und Nutzlasten in den Weltraum bot.

Schon während des Space Shuttle-Programms wurde die NASA nach Alternativen gesucht und schließlich wurden mehrere Projekte kommerzieller Raumfahrtunternehmen wie SpaceX und Blue Origin, die neue Methoden für den Transport von Menschen und Fracht in den Weltraum entwickelt haben, gefördert und unterstützt.

Es ist sicher, dass die Zukunft der Raumfahrt neue Technologien und Methoden hervorbringen wird, um die menschliche Erforschung des Weltraums voranzutreiben. Hierbei wird das Space Shuttle-Programm weiterhin als grundlegender Baustein für die Entwicklung der modernen Raumfahrttechnologie angesehen und in Erinnerung behalten werden, wie es das Raumfahrt-Verständnis und den Fortschritt der Menschheit auf eine neue Art und Weise vorangetrieben hat.

# DIE ENTSCHEIDUNG ZUR ABSCHALTUNG DES SPACE SHUTTLE PROGRAMMS UND IHRE FOLGEN

Am 8. Juli 2011 wurde mit dem letzten Flug der Atlantis das Raumfährenprogramm der NASA eingestellt. Doch wie kam es dazu und welche Auswirkungen hatte die Entscheidung für die Raumfahrt?

Die Gründe für die Einstellung des Space Shuttle Programms waren vielfältig. Zum einen waren die Kosten für ein Shuttle-Programm im Vergleich zu neuen Konzepten wie dem SpaceX-Programm oder dem Orion für einen Marsflug zu hoch. Zum anderen war das Space Shuttle Design immer noch von Unfällen überschattet. Die Katastrophe von Challenger 1986 und die Havarie von Columbia 2003 mit insgesamt 14 Toten führten dazu, dass die gesamte Shuttle-Flotte für mehrere Jahre aus dem Verkehr gezogen wurde und ein erheblicher Teil des Budgets für Sicherheitsverbesserungen und Reparaturen aufgewendet werden musste.

Dennoch erfüllte das Shuttle-Programm viele wichtige Aufgaben, darunter das Deployment von Satelliten, das Durchführen von wissenschaftlichen Experimenten und das Bauen und Reparieren von Raumstationen im Orbit. Es war auch ein wichtiger Meilenstein in der Geschichte der Raumfahrt und ein Symbol für die Bemühungen der NASA, Menschen in die Weiten des Weltraums zu bringen.

Als das Programm 2011 eingestellt wurde, hatte dies verschiedene Auswirkungen auf die Raumfahrt. Zum einen verloren Tausende von Mitarbeitern, die am Programm beteiligt waren, ihre Arbeit, einschließlich der Astronauten und Piloten, deren Rollen in der NASA neu überdacht werden mussten. Zum anderen wurde die Zukunft der Weltraumforschung und -entwicklung in Frage gestellt.

Raumfahrtorganisationen aus verschiedenen Ländern und Gemeinschaften, einschließlich der EU, haben seitdem versucht, die Lücke, die das Space Shuttle-Programm hinterließ, zu schließen. Die Entwicklungen im Bereich der kommerziellen Raumfahrt haben sicherlich dazu beigetragen, dass diese Lücke schneller als erwartet aufgefüllt wurde. Unternehmen wie SpaceX haben bereits bei der Entwicklung eigener Trägerraketen und Raumschiffe wichtige Fortschritte gemacht.

Die Entscheidung zur Einstellung des Space Shuttle-Programms war zweifellos eine schwierige Wahl. Die Raumfahrt hat jedoch seitdem viele neue Entwicklungen erlebt, und wir können uns auf eine helle Zukunft voller Möglichkeiten freuen.

# DIE TECHNISCHEN DETAILS DES SPACE SHUTTLES - EINE SCHRITT-FÜR-SCHRITT-ERKLÄRUNG

Das Space Shuttle ist ein komplexes Bauwerk, das aus mehreren einzigartigen Komponenten besteht, die alle gemeinsam arbeiten, um das Raumfahrzeug in den Weltraum zu transportieren. Im Mittelpunkt des Space Shuttle-Systems steht der Orbiter, der wieder verwendbare Raumfahrzeug, das die Hauptnutzlast, die Besatzung und die Antriebsleistung bereitstellt.

Der Orbiter ist ein Flugzeug-ähnliches Fahrzeug, das mithilfe von OMS (Orbital Manöver System), RCS (Reaction Control System) und SRMS (Shuttle Remote Manipulator System) kontrolliert wird. Im Inneren des Orbiter befinden sich auch wichtige Systeme wie das Lebenserhaltungssystem, das Klimasystem, das Elektrizitätssystem und die Datenverarbeitungssysteme.

Die beiden Feststoffraketen, die den Orbiter während des Aufstiegs vom Launchpad in der ersten Flugphase unterstützen, werden als Solid Rocket Booster (SRB) bezeichnet. Jeder SRB ist ungefähr 45 Meter lang und hat einen Durchmesser von 3,7 Metern. Jeder SRB wurde speziell entwickelt, um eine maximale Schubkraft während der Start- und Flugphase des Space Shuttles bereitzustellen.

Der dritte wesentliche Bestandteil des Space Shuttle-Systems ist der External Tank (ET). Der ET ist ein etwa 46 Meter langer, zylindrischer Behälter, der Flüssigsauerstoff und Wasserstoff für die Brennkammern des orbiter-internen Hauptmotors bereitstellt. Während des Starts wird der ET mit Flüssigbrennstoff aufgefüllt und durch Schläuche mit den Antrieben und dem Orbiter verbunden.

Die Technologie, die für den Bau der Komponenten des Space Shuttles verwendet wird, ist eine Kombination aus bahnbrechender Forschung und etablierter Technologie. Zur Herstellung der SRBs wurden technologische Fortschritte wie Acrylnitril-Butadien-Styrol-Hülle (ABS) und Zirkonium-Diborid-Siliziumkarbid-Mischung (ZrB2-SiC) für die Abgasdüsen genutzt. Der Orbiter selbst ist aus faserverstärktem Kunststoff gefertigt, während der ET aus Aluminium, Titan und Kohlenstofffaserlaminat hergestellt wurde.

Das Space Shuttle war die erste Crewed-Vehicle, das in der Lage war, Satelliten zu deployen und wieder zurückzubringen, und wurde auch für eine Vielzahl von wissenschaftlichen und militärischen Missionen eingesetzt. Die Fähigkeit, Astronauten zum Hubble Space Telescope und zur internationalen Raumstation zu bringen und Reparaturen durchzuführen, trug zur Förderung der Raumfahrtforschung bei.

Im nächsten Kapitel werden die vielversprechenden Anwendungen der Space-Shuttle-Technologie für Satelliten-Deployment, Raumfahrtforschung und Reparaturen im Weltraum besprochen.

# DIE ROLLE DES SPACE SHUTTLES ALS TESTPLATTFORM FÜR ZUKÜNFTIGE TECHNOLOGIEN IN DER RAUMFAHRT

Das Space Shuttle war nicht nur ein Arbeitspferd für den Transport von Menschen und Fracht in den Orbit, sondern diente auch als Testplattform für zukünftige Technologien in der Raumfahrt. In diesem Kapitel werden wir uns damit beschäftigen, welche bedeutenden technologischen Fortschritte durch das Space Shuttle Program möglich gemacht wurden.

Eine der wichtigsten Rollen des Space Shuttles war die Erforschung und Entwicklung neuer Technologien. Das Programm bot den Raum für die Durchführung verschiedener Experimente und Tests im Weltraum, die es nicht nur ermöglichten, die Fähigkeiten des Space Shuttles zu verbessern, sondern auch die Nutzung des Weltraums im Allgemeinen revolutionierten.

Ein Beispiel ist das Spacelab-Programm, bei dem zahlreiche Wissenschaftler aus der ganzen Welt an verschiedenen Experimenten im Weltraum arbeiteten. Die Forschung reichte von medizinischen Experimenten bis hin zu Experimenten in der Chemie, Biologie und Physik. Dank des Space Shuttle-Programms konnten verschiedene Formen der wissenschaftlichen Erforschung des Weltraums erstmals in größeren Maßstab durchgeführt werden und es wurden zahlreiche wichtige Erkenntnisse gewonnen.

Das Space Shuttle war auch der Motor für die Entwicklung verschiedener technischer Advancen. Sei es der Remote Manipulator System oder RMS, der Canadarm, der von der kanadischen Regierung entwickelt wurde oder der erste Zusammenbau von Weltraumstationen wie der Mir- und ISS-Space Station, jedes dieser Projekte wäre ohne das Space Shuttle nicht möglich gewesen.

Das Hubble-Weltraumteleskop, das viele der heute sehr berühmten Bilder von Galaxien, Planeten und anderen kosmischen Objekten, die stolz auf den Bürowänden von Wissenschaftlern und Raumfahrtenthusiasten hängen, aufgenommen hat, wurde ebenfalls durch das Space Shuttle-Programm in den Orbit gebracht. Ohne das Space Shuttle-Programm hätte es wahrscheinlich noch einige Jahre gedauert, bis das Teleskop in den Orbit gebracht worden wäre.

Ein weiterer wichtiger Beitrag des Space Shuttle-Programms zur technologischen Fortschritt ist die Entwicklung der Raumfahrt-Suits, die unter verschiedenen Bedingungen getestet wurden. Es ist wichtig, hier zu erwähnen, dass die Technologie im Allgemeinen das Leben von Astronauten erleichtert hat, indem es nur durch ausgereifte Fertigungstechnologie und Metallverbindungen möglich wurde, Anzüge herzustellen, die sowohl auf der Erde als auch im Weltraum getragen werden können.

Das Space Shuttle-Programm hat auch gezeigt, dass es möglich ist, Raumschiffe zu bauen, die erfolgreich erprobt und geborgen werden können. Nach dem Ende des Space Shuttle-Programms werden sich Raumfahrt-Unternehmen weiterhin auf diese Technologie stützen, um zukünftige Missionen zu gestalten.

Insgesamt hat das Space Shuttle-Programm zu vielen wichtigen technologischen Durchbrüchen in der Raumfahrt und Technologieentwicklung beigetragen, die auch heute noch wertvoll sind. Ohne das Space Shuttle-Programm wäre es nicht möglich gewesen, Technologien zu entwickeln, die wir heute als selbstverständlich betrachten. Aus diesem Grund bleibt das Space Shuttle als Meilenstein in der Geschichte der Raumfahrt und Technologieentwicklung unvergessen.

# DIE RAUMFAHRTINDUSTRIE UND IHRE ROLLE BEI DER SCHAFFUNG DES SPACE SHUTTLE PROGRAMMS

Die Raumfahrtindustrie war ein entscheidender Faktor bei der Schaffung des Space Shuttle Programms. Um die ehrgeizigen Ziele der NASA im Bereich der zukünftigen Raumfahrt zu erreichen, benötigte die Agentur die Unterstützung und Möglichkeiten der Industrie.

Die Boeing Company, die North American Aviation Company und die Rockwell International Corporation bildeten 1972 das Hauptkonsortium für die Entwicklung und den Bau des Space Shuttle. Die Entwicklung war ein riesiger Meilenstein in der Geschichte der Raumfahrt und stellte sowohl für die Industrie als auch für die NASA eine enorme Herausforderung dar. Die Einrichtungen und Technologien, die für die Herstellung des Space Shuttles erforderlich waren, erforderten ein erhebliches Maß an Ingenieursleistung und finanzieller Unterstützung.

Die Raumfahrtindustrie beteiligte sich an der Entwicklung von Teilen des Shuttles, einschließlich der Triebwerke, des Hitzeschilds und der Energieversorgungssysteme. Es war von unglaublicher Bedeutung, dass das Space Shuttle ein fortschrittliches System und High-Tech-Komponenten erhielt, um die Raumfahrt revolutionieren und die wissenschaftliche Forschung im Weltraum vorantreiben zu können.

Die Raumfahrtunternehmen nutzten auch ihre bereits vorhandene Infrastruktur und Erfahrung im Bereich der Luft- und Raumfahrt, um der NASA bei der Konstruktion, Fertigung und Prüfung des Space Shuttles zu helfen. Das Hauptkonsortium und die NASA arbeiteten eng zusammen, um die besten Lösungen für die Konstruktion und den Betrieb des Shuttles zu finden.

Die Finanzierung des Programms durch die US-Regierung spielte ebenfalls eine bedeutende Rolle bei der Zusammenarbeit von NASA und der Raumfahrtindustrie. Obwohl der Bau und die Entwicklung des Space Shuttle Programms sehr teuer waren, konnte das gemeinsame Ziel, das Raumschiff zu bauen, das für den Transport von Besatzungen und Nutzlast in die Erdumlaufbahn geeignet ist, durch die Zusammenarbeit zwischen NASA und der Industrie erreicht werden.

Aus all diesen Gründen war die enge Zusammenarbeit der Raumfahrtindustrie mit der NASA bei der Entwicklung des Space Shuttle Programms von größer Bedeutung. Zusammen haben sie ein erfolgreiches, robustes und innovatives Raumfahrtsystem im Space Shuttle geschaffen, das immer noch als Meilenstein in der Geschichte der Raumfahrt angesehen wird.

# DER EINFLUSS DER SPACE-SHUTTLE-MISSIONEN AUF DIE ÖFFENTLICHE WAHRNEHMUNG DER ASTRONOMIE UND DER RAUMFAHRT

Der Start des ersten Space Shuttles am 12. April 1981 markierte die Geburt einer neuen Ära der Raumfahrt, die das Interesse einer neuen Generation von Menschen weckte. Mit ihren spektakulären Missionen und Fortschritten in der Technologie trugen die Space Shuttle-Missionen dazu bei, die öffentliche Wahrnehmung der Astronomie und Raumfahrt zu beeinflussen.

Während frühere Raumfahrtmissionen hauptsächlich von Forschern und Wissenschaftlern verfolgt wurden, vermittelten die Space Shuttle-Missionen ein sechsterzeugendes spektakuläres Ereignis. Ihr Start und Landung waren von Zuschauern auf der ganzen Welt zu sehen und faszinierten Millionen Menschen.

Die Missionen des Space Shuttles brachten auch bedeutende Fortschritte in der Weltraumforschung, die das Interesse der Öffentlichkeit auf sich zogen. Zum Beispiel besuchte der erste afroamerikanische Astronaut, Guy Bluford, das Weltall im Rahmen der Mission STS-8. Sally Ride wurde die erste amerikanische Frau im Weltraum bei Mission STS-7, und John Glenn, der erste Amerikaner, der die Erde umkreist hatte, kehrte mit 77 Jahren als Teil der Mission STS-95 ins All zurück.

Die Space Shuttle-Missionen wurden durch die Veröffentlichung von Bildern, Filmen und Dokumentationen weltweit bekannt gemacht. Beispielsweise zeigte der IMAX-Film „The Dream

Is Alive" unglaubliche Aufnahmen von den Missionen und begeisterte das Publikum. Die Popularität von Filmen wie Gravity und Interstellar zeigt, dass das Interesse an Raumfahrt-Themen bis heute anhält.

Darüber hinaus führten die technologischen Fortschritte, die während des Space Shuttle Programms erzielt wurden, zu Verbesserungen im täglichen Leben. Eine von vielen Innovationen war der Cat-Scanner, ein Bildgebungsinstrument, das von NASA-Ingenieuren entwickelt und von der Medizinindustrie angepasst wurde.

Zusammenfassend lässt sich sagen, dass die Space Shuttle-Missionen die öffentliche Wahrnehmung der Astronomie und der Raumfahrt auf der ganzen Welt beeinflusst haben. Durch ihre spektakulären Missionen und Fortschritte in der Technologie haben sie das Interesse einer neuen Generation von Menschen geweckt und zu neuen Möglichkeiten für das Leben auf der Erde geführt. Während das Space Shuttle-Programm abgeschlossen ist, bleibt sein kultureller Einfluss heute erhalten und inspiriert weiterhin eine neue Generation von Weltraumfahrern.

# DEN MARS EROBERN: WIE DAS SPACE SHUTTLE PROGRAMM WESENTLICHE ERFAHRUNGEN FÜR ZUKÜNFTIGE MISSIONEN LIEFERT

In der Raumfahrt gibt es kaum ein größeres Ziel, als die menschliche Besiedlung von Planeten außerhalb der Erde. Der Mars ist dabei der nächste Kandidat und das Space Shuttle Programm kann dabei eine entscheidende Rolle spielen. Obwohl das Space Shuttle nicht für Missionen zum Mars geeignet war, kann das Programm viele Lektionen für zukünftige Missionen bieten.

Ein wichtiger Lernpunkt ist der Umgang mit der Komplexität von Raumfahrzeugen. Das Space Shuttle bestand aus tausenden von Teilen und hatte viele unterschiedliche Systeme. Jedes Mal wenn das Shuttle ins All startete, waren akribische Checks und Überprüfungen erforderlich. Es war eine Aufgabe von enormen Ausmaßen, die auf der Erde durchgeführt werden musste, bevor das Space Shuttle bereit für den Start war. Diese gründlichen Vorbereitungsarbeiten sind auch für zukünftige Mars-Missionen erforderlich, da Raumfahrzeuge, die tief ins Sonnensystem eindringen, noch unvorstellbarer komplexer und anspruchsvoller sein werden.

Ein weiterer wichtiger Bereich in der Erforschung von Mars ist die Notwendigkeit, auf die Bedürfnisse von Astronauten während ihrer Mission zu achten. Die Besatzungen des Space Shuttles hatten nach dem Start nur etwa neun Minuten Zeit, um sich an die Gegebenheiten im Weltall anzupassen, bevor sie in den

Orbit gelangten. Dies konnte zeitweise zu Regulationsproblemen führen. Im Hinblick auf eine bemannte Mars-Mission ist das Thema Regulierung zentral, da Forscher viele Fragen stellen müssen: Wie lange könnte es dauern, bis sich eine Crew an die veränderten Lebensbedingungen angepasst hat? Wie können Sie sicherstellen, dass die Astronauten auf dem Landekörper und während ihrer Rückreise sicher und gesund bleiben?

Eine der bedeutendsten Herausforderungen bei der Eroberung des Mars ist jedoch der Schutz der Crew und des Raumfahrzeugs vor den widrigen Bedingungen der interplanetaren Reise. Im Weltall gibt es viele Bedrohungen, die die Astronauten und das Raumschiff beschädigen oder sogar zerstören können. Solare Strahlung, Mikrometeoriten, kosmische Strahlung, elektromagnetische Wellen, Staub und unvorhergesehene Ereignisse wie Ausfälle von Systemen oder Mechanik können alle Risiken darstellen. Das Space Shuttle Programm hat die NASA gelehrt, wie man Raumschiffe entwirft, die diese Herausforderungen überwinden können. Die Erfolge des Space Shuttle Programms in dieser Hinsicht sind ein ermutigendes Signal für zukünftige Missionen zum Mars.

Schließlich hat das Space Shuttle Programm auch gezeigt, dass eine solche Mission nur in Zusammenarbeit mit anderen Ländern und internationalen Partnern durchgeführt werden kann. Im Laufe der Jahre hat das Space Shuttle Programm auch viele interationale Kooperationen gefördert, zum Beispiel mit Europa, Russland und Japan. Für zukünftige Missionen auf dem Mars wird die Zusammenarbeit zwischen internationalen Partnern noch schwieriger werden. Die Erfahrungen mit dem Space Shuttle werden jedoch dazu beitragen, die Zusammenarbeit zu fördern und das Vertrauen zu stärken.

Insgesamt hat das Space Shuttle Programm viele Erkenntnisse geliefert, die bei der Planung zukünftiger Missionen auf dem Mars hilfreich sein werden. Die erprobten Technologien und das Wissen, dass während des Space Shuttle Programms gewonnen wurden, können als Grundlage für den Bau von Raumschiffen und die Konzeption und Umsetzung von komplexen Missionen auf dem Mars und anderen Himmelskörpern und zur Unterstützung der Erforschung des Weltalls genutzt werden.

# DAS SPACE SHUTTLE IN DER POPULÄRKULTUR: FILM, TV, UND LITERATUR REFERENZEN

Das Space Shuttle hat nicht nur in der Realität beeindruckt, sondern auch in der Populärkultur seinen Platz gefunden. Seit seinem ersten Flug bis zu seiner Abschaltung war das Space Shuttle nicht nur ein wissenschaftliches Wunder, sondern auch ein Symbol für die Kraft, die der Mensch besitzt, wenn er Grenzen überwindet.

Filme und Fernsehserien hatten immer eine besondere Beziehung zur Raumfahrt, und das Space Shuttle war da keine Ausnahme. In der 1983 veröffentlichten Science-Fiction-Serie V, in der eine außerirdische Invasion die Erde bedroht, wird das Space Shuttle als Teil der Verteidigung gegen die Aliens eingesetzt, und in der Serie Raumschiff Enterprise: Das nächste Jahrhundert wird in einer Episode das Space Shuttle in einer alternativen Realität genutzt, um eine außerirdische Bedrohung abzuwehren.

Auch in Filmen wie Apollo 13 oder Gravity spielt das Space Shuttle eine Rolle: In Apollo 13 wird das Space Shuttle verwendet, um die Besatzung des beschädigten Raumschiffs zu retten, während in Gravity das Space Shuttle ein wichtiger Bestandteil der Handlung ist, da sich die Astronautin Ryan Stone während einer Reparaturmission im Weltraum auf das Shuttle retten muss.

Bücher und Comics haben ebenfalls das Space Shuttle als Thema aufgegriffen. In ihrem Buch Der Marsianer beschreibt die Autorin Andy Weir, wie ein Astronaut auf dem Mars gestrandet ist und mit Hilfe von NASA und seinen eigenen Fähigkeiten gerettet werden muss - und das Space Shuttle spielt eine wichtige Rolle in der

Rettungsmission. In dem Comic The Authority wird das Space Shuttle sogar als Waffe gegen eine Außerirdischen Bedrohung eingesetzt.

In der Musikwelt hat das Space Shuttle ebenfalls seinen Platz gefunden: Der Komponist Eric Whitacre hat sogar ein Stück geschrieben, das direkt vom Space Shuttle inspiriert ist. In seinem Werk Deep Field, das vom Hubble-Weltraumteleskop inspiriert wurde, verwendete Whitacre Tonaufnahmen von Shuttle-Missionen als Teil der Komposition.

Das Space Shuttle hat somit nicht nur unsere technischen Fähigkeiten erweitert, sondern auch unsere Fantasie angeregt. Jedoch geht dieser Tribut an das Space Shuttle über die Unterhaltungs- und Popkultur hinaus. Denn das Space Shuttle war nicht nur ein technisches Wunder, sondern auch ein Symbol für die Menschheit und ihre Fähigkeit, zu träumen und neues im Weltraum zu entdecken.

# FAZIT UND ÜBERBLICK ÜBER DIE LEISTUNGEN UND ERRUNGENSCHAFTEN DES SPACE SHUTTLE PROGRAMS.

Das Space Shuttle Program war eine der größten Errungenschaften der amerikanischen Raumfahrtindustrie des letzten Jahrhunderts. Es hatte einen enormen Einfluss auf die Raumfahrtforschung und Technologieentwicklung im Allgemeinen. Es erlaubte der NASA, den Weltraum wiederverwendbar und kostengünstiger zu erschließen. Das Programm ermöglichte auch die Durchführung zahlreicher wichtiger Missionen, einschließlich des Aufbaus und Betriebs der internationalen Raumstation sowie der Hubble-Teleskopmissionen. Das Space Shuttle hat die ehrgeizigen wissenschaftlichen und technologischen Ziele der NASA und anderer internationaler Raumfahrtorganisationen auf ein höheres Niveau gebracht.

Das Space Shuttle hat viele Meilensteine erreicht, darunter das erste bemannte Raumlaboratorium, das erste amerikanische Opfer im Weltraum (Challenger), das erste Aufholen und Andocken mit einem Satelliten in einer niedrigen Umlaufbahn, die Lieferung von Raumstation-Komponenten, die Durchführung von Reparaturen am Hubble-Teleskop und vieles mehr. Das Space Shuttle ermöglichte auch den Start anderer wichtiger Raumfahrtgeräte wie Teleskope, Satelliten und Sonden zur Erforschung unserer Planeten und des Sonnensystems.

Das Space Shuttle Program hat viele technologische Innovationen hervorgebracht. Zum Beispiel hat es die Delta-Flügeltechnologie eingeführt, die in modernen Flugzeugen und Drohnen eingesetzt wird. Es hat auch zur Entwicklung von Karbon-Verbundwerkstoffen beigetragen, die heute in vielen Branchen, einschließlich der Luftfahrt und des Automobilbaus, eingesetzt werden. Das Space Shuttle ist auch ein herausragendes Beispiel für internationale Zusammenarbeit. Zahlreiche internationale Raumfahrtagenturen und Länder beteiligten sich an der Planung und Durchführung von Space Shuttle-Missionen.

Leider hatte das Space Shuttle Program auch einige schwere Rückschläge in Form von Unfällen. Insgesamt gab es zwei katastrophale Abstürze: Der Verlust von Challenger im Jahr 1986 und Columbia im Jahr 2003 führten zur Abschaltung des Programms im Jahr 2011. Dennoch hat das Space Shuttle Program in seinen 30 Betriebsjahren viele monumentale Errungenschaften erzielt und bedeutende wissenschaftliche Fortschritte erreicht.

Zusammenfassend lässt sich sagen, dass das Space Shuttle Program wesentliche Fortschritte in der Erforschung des Weltraums ermöglichte und den Weg für zukünftige Raumfahrtmissionen geebnet hat. Das Shuttle war ein wichtiger Bestandteil der NASA und der internationalen Raumfahrtgemeinschaft. Obwohl das Programm heute eingestellt ist, wird es aufgrund seiner enormen Leistungen und Errungenschaften immer in Erinnerung bleiben und die Aerospace-Industrie weiterhin beeinflussen.